地球与月球

撰文/徐毅宏　　审订/许树坤

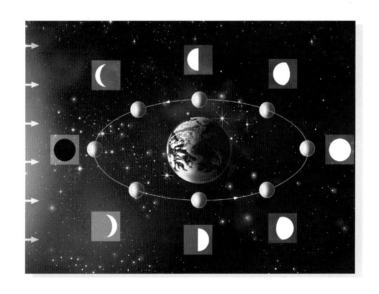

中国盲文出版社

怎样使用《新视野学习百科》?

> 请带着好奇、快乐的心情，展开一趟丰富、有趣的学习旅程！

1 开始正式进入本书之前，请先戴上神奇的思考帽，从书名想一想，这本书可能会说些什么呢?

2 神奇的思考帽一共有6顶，每次戴上一顶，并根据帽子下的指示来动动脑。

3 接下来，进入目录，浏览一下，看看这本书的结构是什么，可以帮助你建立整体的概念。

4 现在，开始正式进行这本书的探索啰！本书共14个单元，循序渐进，系统地说明本书主要知识。

5 英语关键词：选取在日常生活中实用的相关英语单词，让你随时可以秀一下，也可以帮助上网找资料。

6 新视野学习单：各式各样的题目设计，帮助加深学习效果。

7 我想知道……：这本书也可以倒过来读呢！你可以从最后这个单元的各种问题，来学习本书的各种知识，让阅读和学习更有变化！

客观地想一想

用直觉想一想

想一想优点

想一想缺点

想得越有创意越好

综合起来想一想

? 在太阳系的行星中，地球有什么特点？

? 你觉得什么时候看月亮最美？

? 月球带给地球哪些影响？

? 地球永远适合人居住吗？

? 如果可以搬到月球上住，你愿意吗？为什么？

? 哪些研究和发明帮助我们们认识地球和月球？

目录

■神奇的思考帽

CONTENTS

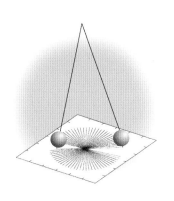

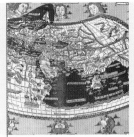

揭开地球和月球的面纱

（公元140年，托勒密所绘的地中海地图，图片提供/维基百科）

虽然早期人类对于地球和月球有许多想象和神话，但是人们也很早就利用一些观察，对地球和月球做出推论。之后，随着观测仪器的发展、人造卫星的出现以及人类成功登上月球等，地球和月球的面纱便逐一被揭开。

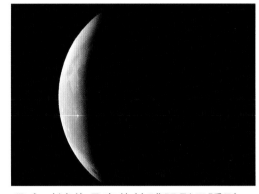

月食时遮住月亮的地球阴影呈弧形，间接证明了地球是球形的。（图片提供/维基百科）

地球是平的吗

古代的人们大多相信地球是平坦的。例如中国古代就有人提出盖天说，认为天是圆的，地是方的。这是因为一般的生活经验就是如此，他们无法想象房子如何能盖在球状的地平面上。

但许多科学家却陆陆续续发现了一些证据，显示地球似乎不是平坦的。古代希腊哲学家毕达哥拉斯发现，当帆船靠近岸边时，最先露出地平线被看见的是船帆，然后才看到整个船身，他由此推测地球的表面应该是圆的。而且在同一时刻的不同纬度，相同长度的竿子，其影长却不一样；月食时，掩盖住月面的地球阴影是弧形的……这些都是地球应该是圆形的间接证据。直接的证据一直到1522年，葡萄牙探险家麦哲伦的船队完成了首次环绕地球的航行，人类终于真正认识到地球是球形的。到了现在，人造卫星或是航天器的照片更确切地证明了地球大致是球状的。

古埃及人认为世界是由天空女神努特和大地之神盖布组成的，而大地是平坦的。（图片提供/达志影像）

月球

月球是天空中可以看到的第二亮的天体，很早就引起了人们的关注，流传着许多神话，也常常被文学与艺术作品当作主题，但古

人对于月球的认识也就仅此而已。

公元前5世纪的阿那克萨戈拉（Anaxagoras）首先提出月球和地球一样是由岩石所组成，上面也有居民。他也是第一个设想月光是阳光经月球反射而来的人，而且最先说明日、月食发生的原因是月球与地球的影子分别遮蔽太阳与月球，比汉朝科学家张衡提出类似看法的年代要早上约700年。1609年，伽利略利用望远镜开始观测月球后，人们渐渐对月球表面的特征有所了解，除了发现撞击坑洞外，还对阴暗的月海与明亮的高地一一命名。在1969年，美国阿波罗计划首次登陆月球，以及后来连续6次成功登陆，带回了月球岩石，科学家才对月球的组成与成分有更进一步的认识。

左：第一个航海环绕地球一圈的探险家麦哲伦。（图片提供/达志影像）

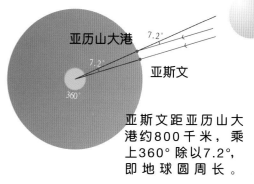

亚斯文距亚历山大港约800千米，乘上360°除以7.2°，即地球圆周长。

公元前3世纪，希腊学者埃拉托斯特尼发现夏至正午的阳光会直射亚斯文的井底；同时，他也请人在亚历山大港测量，阳光却是斜射7.2°。他以此算出地球的圆周长，再推算出地球半径。（插画/施佳芬）

地球真正的形状

在得知地球不是平坦的事实之后，科学家接着想要探讨的就是地球的半径是多少？地球真的是球状吗？现在科学家利用大地测量的方法配合人造卫星以及地面观测站等不同仪器的技术配合，认识到地球是一个椭圆形的球体，在赤道附近稍微向外凸起。换句话说，地球在赤道方向上的半径比两极的半径要多20千米左右。

第一幅详细的月面图，由17世纪波兰天文学家约翰·赫维留（Johannes Hevelius）所绘制，呈现出各种月面地形与撞击坑，也绘出地球上所能看到的最大月面。（图片提供/维基百科）

地球的诞生

（图片提供/NASA）

地球的年龄长达46亿年，科学家根本无从观察它的演变，只能从地球目前的结构、组成物质以及其他星球的形成等信息，去推测地球诞生的过程。

太阳系行星的形成

大约在50亿年前，银河系某处发生超新星爆炸，爆炸的震波冲击了原始的太阳星云，于是太阳星云因万有引力的作用而开始收缩，并逐渐形成扁平碟形的结构。星云收缩时，大部分物质集中到中心形成太阳，剩余物质则在周围形成盘状结构。

太阳星云几乎全部由氢与氦所组成，还包含一些其他微量物质。在太阳星云逐渐收缩的过程中，周围的物质逐渐冷却而形成冰块以及微小尘埃。在快速运动的过程中，这些微粒常带有静电，并通过静电聚集成团；随着颗粒变大，产生的万有引力又会继续吸引其他的微粒而形成微行星。微行星一

星系是由收缩的星云所形成的。由于星云本身会有旋转运动，因而在收缩之后成为圆盘状。（图片提供/达志影像）

早期的旋转星云

旋转星云收缩时形成扁平碟状

星球在扁平星云中形成

46亿年前太阳系形成的过程。太阳星云内的微粒互相结合，本身的引力会随着体积增大而增强。随着不断的吸积，这些大型微粒便有可能形成微行星，甚至成为更大的原行星。（图片提供/达志影像）

旦产生，自身的万有引力将会更容易吸积，进而形成更大型的原行星，甚至是行星。

地球的形成

地球刚形成时，太空中仍充满许多微行星与原行星，它们会随着彼此的引力而互相碰撞。天体的撞击，加上地球本身因引力收缩而释放的能量，以及放射性物质衰变所释放出的能量，让地球处于炙热的熔融状态。在构成地球的物质中，密度较高的铁质成分下沉到地球内部，留下密度低的物质浮在地表附近，并在地球冷却后逐渐形成固态地壳，再经地壳运动形成今天的大陆与海洋板块。

另一方面，持续撞击地球的天体不仅带来水及其他物质，也使得地壳释放出许多不同的气体，让地球的大气层从以氢、氦为主的原始成分变得复杂，并在生物出现之后渐渐转变

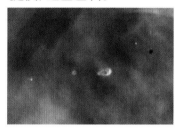

猎户座星云有许多正在形成的恒星，图中的4颗恒星有尘埃盘围绕，应是正在形成的行星系统。（图片提供/维基百科）

太阳的辐射与太阳风把密度较低的气体与冰吹向外逸散，因此类木行星的密度小，主要是气体物质和冰冻物质；类地行星的密度高，主要为金属和岩石。（图片提供/维基百科）

晚近重度撞击时期

在太阳星云所形成的盘面结构里，有许多无法形成行星的微行星，最后形成卫星、小行星及彗星。例如介于火星和木星之间的小行星带，或是太阳系外围的柯伊伯带天体等。由于在太阳系形成初期这些天体数量非常多，曾经密集地撞击在行星或卫星表面。但是经由月球岩石的证据发现，大约40亿年前，根据理论推测当时的小型天体应该消耗殆尽，却发生大量天体密集撞击火星轨道以内的行星及卫星，称为"晚近重度撞击"，目前尚无理论能完整解释。

为现今的组成。撞击天体带到地壳表面的水，也随着地球逐渐冷却而在低洼地方累积。

原始地球的想象图。由于地壳还在形成阶段，所以有很多活火山。火山爆发和陨石为环境带来了各种元素，之后才形成水圈和大气层。（图片提供/达志影像）

地球内部的构造

（海底蒸气孔，图片提供/维基百科）

我们很容易观察到地球表面的事物，但是地球内部包含什么东西，就不是我们能一眼看见的。我们没办法挖一口井通往地心，亲眼目睹地球的内部，但是科学家还是能用其他间接的方法，来研究地球的内部构造。

 ## 地壳

根据科学家的测量结果，地球并不是一个质地均匀的大岩球，它的构造反而比较像颗鸡蛋，3层主要构造恰好与鸡蛋的蛋壳、蛋白与蛋黄相对应。这3层构造由外至内分别是：地壳、地幔和地核。

地壳是地球构造的最外层，所有生

当板块互相挤压，密度较大的一方会被压到下方，经地底高温熔融后成为岩浆。火山爆发是因岩浆中的气体累积过多所致。（图片提供/达志影像）

物就在这层构造上繁衍、活动。地壳大体上是由岩石所构成，又可分为以花岗岩质为主的大陆地壳，以及以玄武岩质为主的海洋地壳。大陆地壳的厚度较厚，平均厚度约35千米；海洋地壳的平均厚度只有5—8千米，远比大陆地壳薄，但密度较大。

地球构造从外到内依次是地壳、地幔与地核。地壳的厚度相对较薄，但却是所有生物的立足点。（插画/吴仪宽）

地壳
厚度：5—35千米

地幔
厚度：2,900千米

内地核
厚度：1,250千米

外地核
厚度：2,200千米

地幔与地核

从地壳底层开始，向下延伸约2,900千米深的区域，称为地幔。地幔本身并不是一个均质的构造，大致可分为上部地幔与下部地幔。在地幔内，温度与压力会随着深度而增加，以温度为例，每向地心前进1千米，平均温度就会上升约30℃。科学家推测，这样的高温会让上部地幔的岩石形成半熔融、可流动的状态；但到下部地幔，强大的压力让地幔物质又回到固态。

由地心往外延伸约3,500千米的区域，就是地核。地球的平均密度为

严重的地震会造成断层现象，让人们深刻感受到地壳的不安定。图为1999年台湾的"9·21"地震，造成路面出现高低差。（图片提供/达志影像）

位于新西兰的硫磺蒸气孔。通常这类喷气孔都会在火山附近出现，排放出高温蒸气和各种气体，如二氧化碳、二氧化硫等。（图片提供/GFDL）

$5.5g/cm^3$，但地壳平均密度大约只有$3g/cm^3$，因此科学家认为地核应该是由密度较高的铁与镍组成。地核也可分为两部分，中心是一个半径约1,250千米的固态金属核心，称为内核；从内核外缘到地核边界的范围，则是由液态金属构成的外核。科学家相信，外核液态金属的对流现象，再加上地球本身快速的自转，让地球产生了磁场。

用地震波探知地球内部

地震波是指在地球内部传递的波，通常是由地震产生，但也可能是由其他因素，如人为爆炸等产生。科学家研究地球内部的间接方法中，以侦测地震波最为重要。当地震波穿过不同物质时，会因物理性质（例如密度）的不同，而使传递的速度发生变化，行进路径也发生折射及反射等情形，或是出现地震波不连续的状况。科学家便根据这些特性，推算出地震波的行进路线，并借以分析地球的内部结构。

地壳运动剖面图。地壳在软流圈上移动，互相推挤覆盖，因而形成了火山和地震。（图片提供/达志影像）

地球的水圈

（图片提供/维基百科）

地球与太阳系其他行星相比，有一个很明显的不同之处，那就是地球拥有大量的水。这些水不仅影响了地球表面的气候，更是地球孕育生命的摇篮。

 ## 水圈的分布

水普遍存在于地球表面，以气态、液态与固态3种不同的状态，在空中、地表及地底不断循

❶大气中的水会凝结成水滴或冰晶，以降水形式落到地面上。

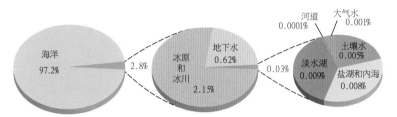

地球各种水体体积的比例，图中标示的比例都是与整体相比。（插画/施佳芬，资料来源/维基百科）

环。一般所说的水圈范围，是由大气层的对流层顶，到深层海水或地下水所能到达的深度。在水圈里，存在着各种状态的水体，例如海洋、冰川、地下水、河流与湖泊等。

在全部水体中，约有97%的水是海水，只有不到3%才是淡水。在淡水中，以固态水形式存在的冰河与冰层占了其中的77%，地下水约占22%，剩下不到1%的比例，包括湖泊、河流以及大气中的水。

虽然水圈中的总水量相当可观，水体种类也相当多元，但是像海洋、冰川中的水，都是人类无法直接使用

❷降水会储存在湖泊、土壤或高山积雪中，部分被生物利用，部分变成地下水，剩下的则流向大海。

❸海洋、湖泊、河川等地表水的蒸发，以及生物的蒸散作用，又会让水回到大气中。

地球水循环的过程。（图片提供/达志影像）

的。可供人类直接使用的淡水，实际上不到全部的0.7％，却维系了各种生命的繁衍。此外，大气中所含的水仅占全部的0.001％，却是成云、降水的主要来源，对气候的影响非常显著。

地球水圈的起源与结束

地球水圈中的水是从哪来的？到现在，科学家还不是非常清楚，但被认为最有可能的推论有下列几种：第一，地球形成初期，大量彗星、含水量高的小行星等小型天体撞击地球，将水分带到地球。第二，地球的岩层在形成时，就已结合许多水分子，随地球演化而逐渐释放至地表。第三，高能量的辐射将地球上的复杂分子分解，形成水分子。

地球的水在水圈里进行持续不断的水循环，似乎永远都不会消失。但事实上，科学家估计大约再过50亿年，当太阳将燃料烧完、进入红巨星时期时，太阳将会膨胀数百倍，甚至把地球吞进它的体内。当太阳逐渐逼近地球时，它所散发出的数千度高温，将会让地球的水都逸散到太空中，地表的所有水体也就从此消失。

在地球演化初期，含水量丰富的陨石撞击地球带来水分，是地球水来源的推论之一。（图片提供/达志影像）

洋流

水圈内的大小水体并不是静止不动的，它们会受到各种因素影响而不断流动。例如陆地上的河川，受到地心引力影响而向低处流去；在海洋里，也有类似河流般的水流，称为洋流。洋流形成的原因有很多种，从地球自转、季风吹拂、温度差到海水盐分浓度的差异等，都能导致某地的海水流向另一地，而形成洋流。洋流虽然只在海面下流动，但由于规模庞大，往往可以影响所到之处的气候及生态，例如温暖的洋流可以让沿海地区不致过于寒冷，富含有机物质的洋流则带来丰富渔获。

在水循环中，降水会有一部分成为地下水，在地球的淡水资源中约占了1/5。（图片提供/达志影像）

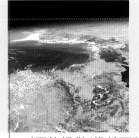

地球的大气层

（图片提供/维基百科）

太阳系里的行星中为何只有地球上有生命？除了和太阳的距离适当之外，地球上的大气层不但保存生命赖以维生的水分和氧气，更阻挡太空中有害的射线和物质，堪称地球的保护伞。

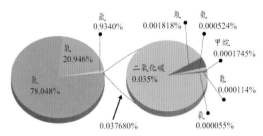

现今大气的主要成分可略分为两类：固定气体和变动气体。（插画/施佳芬）

固定气体：在大气中的比例几乎不变，包含氮、氧与氩。

变动气体：所占的比例会随地点、季节等明显改变，例如水蒸气、二氧化碳等。（资料来源/维基百科）

大气层的演化

科学家并不清楚地球早期的大气层是如何构成的，但根据推测，原始的第一代大气应该是由宇宙中含量最多的元素——氢与氦组成，但因为受到熔融地壳和太阳的高热，以及强烈的太阳风吹拂，渐渐逸散至太空中。

在地壳逐渐冷却固化的过程中，仍有许多火山在喷发。它们喷发出包

温室效应示意图。虽然温室效应是全球变暖的原因之一，但若没有温室效应，地球就会冷得不适合人类居住。（图片提供／达志影像）

含甲烷、氢、水蒸气、氨、二氧化硫与二氧化碳等成分的气体。随着地球逐渐冷却，水蒸气凝结成水聚集到地球表面；二氧化硫与二氧化碳渐渐溶于水中，剩下的甲烷、氢与氨便成了第二代大气的主要成分，此时的氧气含量非常少。

当地球上的生命出现，并进化出绿色植物后，大气中的氧气随着光合作用而增加，在高空中渐渐形成臭氧层。臭氧层会吸收危害生命的紫外线辐射，使动植

物得以迅速繁衍；动植物的排泄物和残骸能直接或间接分解成氮气，氮气在常温下不易产生化学反应，最后累积成大气中含量最多的成分。现今的大气就是以氮及氧为主的第三代大气。

电离层

在增温层以上的大气非常稀薄，空气分子经过阳光中紫外线与X射线等高能辐射照射，会游离而形成电离层。由于电离层为高能辐射所产生，因此游离的程度将会随着阳光强度改变，当太阳处于黑子活跃期，喷发的高能粒子会借着地球磁场的作用干扰电离层。

大气层的分层构造图。除了温度的变化之外，还可以看到各分层的不同现象，例如极光发生在增温层。（插画/施佳芬）

增温层

温度变化线

中气层
平流层
对流层

km
600

120
85
60
50
15

℃ -100 -60 0 20 200 1,750
℉ -148 -76 32 68 392 3,182

大气层的分层

大气层可以依据温度与高度的变化，从下而上大略分为4层。最接近地面的对流层，含有大气中80％的水分，温度会随高度而递减，是空气对流最旺盛的区域，也是天气发生变化的地方。平流层的温度会随高度增加而上升，因此空气不易产生对流，大气运动稳定而且沿着水平方向，因而得名；顶层是臭氧层。中气层的温度则随高度增加而下降，是大气层中最冷的地方。到了最高的增温层，由于空气稀薄，只要吸收一点点能量，温度就会急速上升。

在台风眼内所看到的景象。图中可看到对流层中强烈旋转的气流。（图片提供/达志影像）

当地球上进化出绿色生物，大气中的氧气随着光合作用逐渐增加，并在高空形成了会吸收紫外线的臭氧层。（图片提供/达志影像）

地球的磁场

（极光，图片提供/维基百科）

在两千多年前的战国时代，我们的祖先就知道应用天然磁石制作指南针，但是你知道为什么指南针都会指向南北？南北的方向就是指向地球的南北极吗？

地球磁场的形成

地球中心的地核因为有放射性元素衰变所产生的热源，使得液态外核因为温度的差异而产生对流运动，再加上地球自转所产生的科氏力，以及地球形成后的微弱磁

美国科学家范·艾伦发现地球周围有带电粒子层，命名为辐射带；一般也以他的名字称呼。（图片提供/达志影像）

场作用，就能产生特定方向的电流；这个电流本身也会感应再产生磁场，反过来加强原来的磁场，这种电生磁、磁生电的现象与发电机相似，称为"发电机理论"。因此，只要有足够的能量让液态外核继续产生对流运动，就能维持地球磁场的存在。

地球磁场的强度与方向会随时间而改变。在过去的3,500万年间，地球曾经出现过9次南北两个磁极对调的磁极

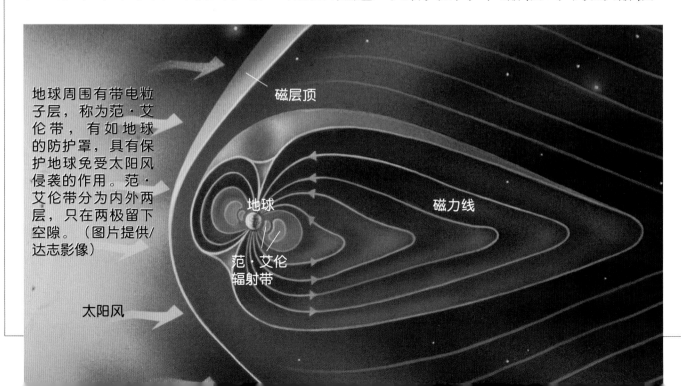

地球周围有带电粒子层，称为范·艾伦带，有如地球的防护罩，具有保护地球免受太阳风侵袭的作用。范·艾伦带分为内外两层，只在两极留下空隙。（图片提供/达志影像）

磁层顶

地球

磁力线

范·艾伦辐射带

太阳风

反转。磁北极目前约以每年往北15千米的速度在移动，往地理北极靠近中。

地球防护罩：磁层

20世纪50年代，美国科学家范·艾伦（James Alfred Van Allen）根据探测卫星"探险者"1号、3号和4号的观测，发现在地球的周围有带电粒子层的存在，并命名为辐射带（或称为范·艾伦带）。地球辐射带分为内、外两层，形状有点像是切成两半的花生壳，从四周把地球包围起来，只在两极上空留下空隙。

随着辐射带的发现，卫星资料显示在地球外部还延伸了数百个地球半径大的磁层，这是太阳风到达地球附近时，高能的带电粒子与地球磁场相互作用的区域范围。磁层包覆着地球，与太阳风接触的边界称为磁层顶。磁层面对太阳的一面呈现半球状，而背着太阳的另一面，则是拉长的放射状，它就像地球的防护罩，保护着地球上的生物免受太阳风的袭击。

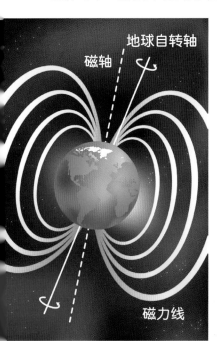

科学家相信，由于地核外核液态金属的对流现象，加上地球本身的快速自转，让地球产生了磁场。（插画/施佳芬）

磁轴与地球自转轴并不一致，因此罗盘与指南针所指的北方，事实上不是地理北极而是磁北极。（图片提供/达志影像）

极光

极光是宇宙射线或是太阳风到达地球时，其中的带电粒子沿着磁场方向到达南、北极附近高纬度区域，与高层大气中的原子、分子碰撞，激发游离所产生的光热现象。当太阳黑子活跃时，会引起剧烈的太阳风，因此极光出现的频率便会增加。

除了地球之外，天体只要有够强的磁场，将带电粒子引导到极区撞击大气层，便会产生极光，例如木星。

绿色北极光。由于带电粒子沿着地球磁场到达高纬度地区，所以在南、北极较容易出现极光。（图片提供/达志影像）

地球的自转

（挪威的极昼，图片提供/GFDL）

如果天气晴朗，我们每天可以看到太阳、星星与月亮东升西落，不过这些天体并不是真的绕着地球运转，而是地球自转造成的现象。

 自转的方向与周期

太阳星云中的物质在不断地旋转，在各自吸积的过程中形成地球等天体。地球成形后，仍延续着这些物质旋转的惯

位于挪威北部的"极区大教堂"。摄于夏季极昼时期，拍摄时间是午夜12时20分。（图片提供/维基百科）

性，依自转轴转动，这种天体运动称为"自转"。地球自转的方向，由北极上方向下看是逆时针旋转；由南极下方往上看，则是顺时针旋转。以方位来说，地球自转是由西向东转，因此会看到太阳、星星与月亮从东边升起，西边落下。

古人将太阳出现在特定位置（例如最高处）到下一次再回到特定位置（最高处）的时间，当作是一天，称为"太阳日"，地球自转一圈的时间则是"恒星日"。太阳日的长度并不等于恒星日，因为地球在自

古人误认为日月星辰是绕地球转，因而产生天球的概念，太阳在天球上的轨道称为黄道。由于赤道面和黄道面形成23.5°的夹角，这使不同地区的昼夜随着纬度的不同而变化。
（插画/吴仪宽）

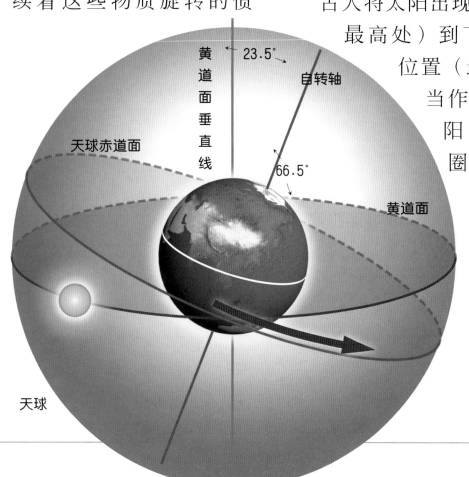

黄道面垂直线

23.5°

自转轴

天球赤道面

66.5°

黄道面

天球

转的同时，也会绕着太阳进行公转，所以太阳日比恒星日要长一些。经过科学家的实测，太阳日的长度近似于24小时，而地球的恒星日则是23小时56分钟04秒。

赤道将地球分成南北两半球，它也是划分纬度的基准，为0°。图为圣多美的赤道标示。（图片提供/维基百科）

 ## 昼夜变化

地球的自转，让地表轮流接受太阳的照射，造成了白天、黑夜不断交替的昼夜变化。但是，地球的自转轴并没有与黄道面垂直，而是与黄道面的垂直线有着23.5°的夹角，这使得地表不同地区的昼夜时间，会随着纬度不同而变化。在赤道地区，全年的昼夜时间都等长；纬度愈高，昼夜长短的变化也就愈大，甚至到了靠近两极的地方，还会出现整天都是白天或都是黑夜的现象，称为极昼或极夜。

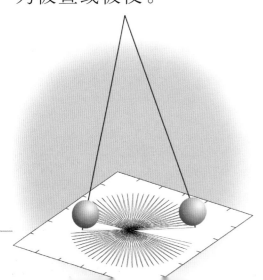

傅科摆。若地球没在转动，则单摆只会沿着一个方向移动；但在北半球可以发现摆锤画出来的轨迹在做顺时针方向的转动，因而证明地球的自转。（插画/施佳芬）

时区

在过去，不同地区的人各自以太阳的升落规律来决定时间，结果造成不同经度的地区，时间都不相同。为了让全球各地协调出统一的时间，科学家设计出"时区"的概念。这是将全球分为24个时区，在每个时区内的时间是统一的，而每向东前进一个时区，时钟或手表就拨快1小时。时区是以能被15整除的子午经线为中心，并向东西各延伸7.5°为范围，因此理论上的时区界线是以经线为准。但实际上，时区界线也会参考国界或行政区域的界线而稍加调整。

格林威治标准时间的正午就是太阳在格林威治最高点的时刻。由于地球的自转有些不规则而且正在缓慢减速，所以现在的标准时间是由原子钟测定。（图片提供/维基百科）

地球的公转

（图片提供/GFDL）

随着四季的变化，我们可以看到不同气候的呈现，农民也依据四季的变化而耕种。你知道四季的变化是怎么来的吗？

公转的方向与周期

在太阳星云形成之后，太阳系的大小天体都会绕着中心的太阳转动，这种运动称为"公转"。地球公转的方向与地球自转一样，由北极上方向下看是逆时针旋转，轨道呈椭圆形。

地球绕太阳公转一圈的时间是365.2422天，称为一个"回归年"，但

英国的巨石阵与天文观测有关。夏至当天太阳升起的位置，恰与其中一块巨石排成直线。（图片提供/维基百科）

地球的自转轴和公转轨道有66.5°的夹角，当地球在不同的公转位置，太阳直射的地区便跟　发生变化，因而形成冷热交替的四季。（图片提供/GFDL，作者/Tam, Olunga）

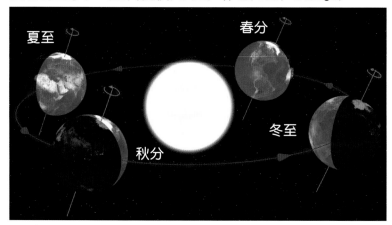

因为不是整数，并不适合日常生活使用。现在的历法是将1年定为365天，称为"平年"，剩余的0.2422天，则以置闰的方式处理，也就是每4年设置1个闰年，将这4年累计的0.9688日计入，让闰年以366天计算。不过，闰年多加的1天与0.9688天仍有微小的误差，科学家为了让纪年更精准，特别规定每逢100年就不置闰，但每逢400年仍要置闰。

四季的变化

地球表面会发生四季变化的原因，来自地球的自转轴与地球公转轨道形成的平面有着66.5°的夹角。这使得地球在公转轨道上的不同位置时，太阳光直射地表的地区会跟着变动，让地球

秋分后白昼变短，夜间开始变长。这时温带地区的落叶树叶子由绿变黄、变红。（图片提供/维基百科）

上各地的日照量产生周期性的变化，而形成了冷热交替的四季。

当太阳光直射地球赤道附近时，南、北半球受到的日照量接近，季节为春季或秋季。当太阳光直射北纬23.5°的北回归线附近时，此时接收日照量较多的北半球正处于夏季，日照量较少的南半球就是冬季。当太阳光直射南纬23.5°的南回归线附近时，就变成南半球处于夏季、北半球处于冬季。如果地球自转轴没有倾斜，那么这些现象就不会发生，地球各地便只会有单一季节。

冬季时，阳光照射的角度最偏斜，因此温度最低。（图片提供/GFDL，摄影/shayan）

太阳有多高

太阳出现在天空中的位置会随着季节而改变。在赤道（图1），夏（冬）至时太阳会由东北（南）方升起，正午到达最高点时仰角为66.5°，西北（南）方落下。春（秋）分时会由正东方升起，正午时通过天顶，正西方落下。

此外，太阳出现的位置也会随着纬度改变。纬度愈高（图2），太阳的路径则愈偏斜，出现的弧线愈长；一直到两极（图3）附近，太阳甚至会整天出现在地平线附近，成为一个圆；或是完全消失。换句话说，北半球在北回归线以北的区域，将不会看到太阳出现正头顶上。在北回归线上，一年之中只有夏至时，太阳会出现在头顶上；在赤道与北回归线间的区域，一年会有两次太阳出现在头顶上。

图1 在赤道上，夏（冬）至时太阳出现在天空的轨迹。

图2 在北回归线上，太阳的轨迹比较偏斜、弧线较长，表示出现的时间也长。

图3 两极附近，太阳的轨迹沿着地平线成为圆形，成为极昼；或是完全不出现。（插画/吴仪宽）

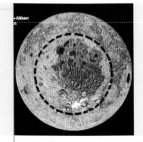

月球的起源

（月球背面的高低示意图，图片提供/NASA）

明亮的月球，早在人类诞生之前就高挂在夜空中，它的阴晴圆缺是古今文人的最好题材，而它的起源及成因则是天文学家的一大课题。

分裂说与同源说

科学家曾对月球的形成提出各种解释，分裂说是其中最早的一种学说。分裂说认为：月球本来是地球的一部分，但是地球自转速度太快，导致离心力将部分物质抛到太空形成了月球；而物质离开地球后形成的坑洞，

月球初形成时的构想图。虽然还未完全成形，但是已经可以看到雏形的球体。

就是现在的太平洋。这个学说后来遭到天文学家的反对，原因是即使早期地球的自转速度比现在快，但仍无法快到能把相当于月球质量的大量物质甩出去。

另一种解释称为同源说，认为在太阳系形成的过程中，地球和月球大约是在同一个时期，经过吸积过程，将周围的物质聚集而成。不过，根据阿波罗登月计划所带回的月球岩石显示，月球岩石的成分与地球岩石有许多的不同之处，因此同源说也无法完全解释月球的生成。

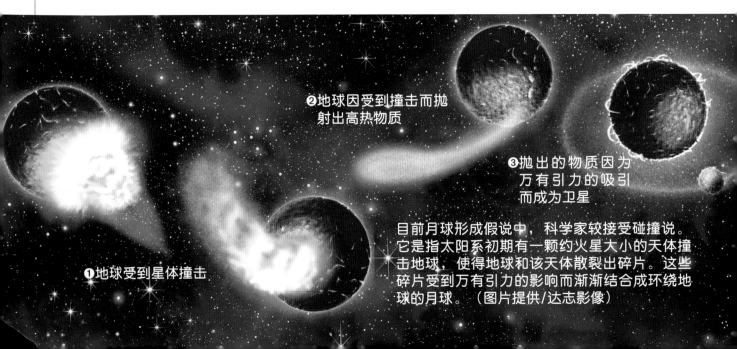

❶地球受到星体撞击

❷地球因受到撞击而抛射出高热物质

❸抛出的物质因为万有引力的吸引而成为卫星

目前月球形成假说中，科学家较接受碰撞说。它是指太阳系初期有一颗约火星大小的天体撞击地球，使得地球和该天体散裂出碎片。这些碎片受到万有引力的影响而渐渐结合成环绕地球的月球。（图片提供/达志影像）

俘获说与碰撞说

俘获说认为月球早先在太阳系的某个角落形成，之后沿轨道运行时太过接近地球，而被地球的万有引力俘获，成为地球的卫星。不过，月球的质量是地球质量的1%，地球的万有引力并没有办法俘获它。

碰撞说是近年来科学家较能接受的学说。它认为在太阳系刚形成的初期，1颗约有火星大小的天体撞击地球，使得地球与撞击天体分别抛射出高温的物质。这些物质在地球周围通过万有引力而逐渐结合，最后成为环绕地球运行的月球。这个学说能解释为何月球的密度接近地球表面岩石的密度，原因就是月球是由部分地球外层的物质组成；而月球岩石有被高温加热过的特征，也符合撞击时产生高温的假设。此外，在太阳系形成初期，这类的碰撞非常普遍，因此这种推论相当合理。

太阳系形成初期，星体间的碰撞很普遍，因而增加了月球碰撞说的合理性。（图片提供/达志影像）

让岩石说话

想要知道月球是如何形成的，必须先从它的构成物质来分析。当阿波罗登月计划一次又一次带回月球的岩石，科学家从岩石上获得许多信息。例如：月球密度大约是3.3g/cm³，比地球密度的5.5g/cm³要小很多，这表示月球内部可能没有或是只有很小的金属核心；月球表面的岩石，夹杂许多高温后冷凝而形成的玻璃质矿物，而且月球表面缺乏水或是其他易挥发的物质，这暗示着月球表面可能被"高温加热"过。

经过科学家的分析发现，月岩夹杂着许多玻璃质矿物，而这些都是经由高温冷凝后形成的。（图片提供/维基百科）

根据阿波罗号登月带回的月岩，发现月岩含有地球不常见的钛金属，也缺乏地球上常见的水分，这些都能证明分裂说和同源说的缺陷。（图片提供/NASA）

A 月球的表面

在地球上，只要用肉眼就能看见月亮里的阴影，对天文现象充满幻想的古人，因而编织出许多传说与故事，流传至今。

 ## 月球表面的特征

在晴朗的夜晚，只要抬头就可以发现月球表面有着明暗不均的现象。古时候的天文学家认为，较明亮的区域应该是地势较高的地形，称为"月陆"；而阴暗区域则是覆盖着水体的平坦海洋，称为"月海"。但随着望远镜的发明，天文学家发现月海不是海，而月陆是高原和山区，其他还分布着许多环形山和陨石坑。

天文学家根据月岩推测，月球在成形的初期，表面受到大量的彗星和小行星等小天体的撞击，而产生许多坑洞与盆地。接下来的几亿年间，由月球内部冒出的岩浆部分填满这些盆地，并冷凝成颜色较深的玄武岩层，而形成现在的月海。月海成

以科学家第谷命名的环形山。因为没有地震和火山爆发等活动，所以大部分的环形山都能长期保持原样。（图片提供/维基百科）

月球上没有水体和大气层，所以不会发生侵蚀、风化等作用，宇航员留下的足迹也不会消失。由于无风的缘故，图中的美国国旗经过特殊处理，才能"飘扬"起来。（图片提供/达志影像）

形后，小天体撞击月面的次数逐渐减少，因此目前月海上的陨石坑较少，而年代较古老的月陆，陨石坑的数量较多，规模也较大。

 ## 月球背面的特征

由于月球自转、公转的方向与周期是相同的，使得月球永远只会用

同一面面对地球。背向地球与面向地球的月面，是两个截然不同的世界。在月球背面，找不到如月球正面那样大面积的月海，而且月球背面的陨石坑密度远比正面高。

月球不像地球有自转轴倾斜的现象，它的自转轴几乎是垂直于黄道面，因此在月球两极附近，太阳永远出现在地平线附近，只要高度约在600米以下的地方就会永远处于阴影之中；相反的，则是终年处于阳光下。天文学家推测，在两极附近的这些数十亿

	地球	月球
质 量	5.9737×10^{24} kg	7.3483×10^{22} kg
体 积	1.0832×10^{12} km³	2.197×10^{10} km³
平均密度	5.515 g/cm³	3.341 g/cm³
半 径	6,378.14 km	1,737.4 km
自转周期	23.934 hr	655.72 hr
公转周期	365.24 d	27.322 d

荒凉的月球表面，图中近处是探测车，远处为登月小艇。（图片提供/达志影像）

月面地形的命名

17世纪时，意大利的天文学家里希奥利在他的书里为月球上的各种地形命名。在这张月面图上，里希奥利将月球地表的地形分为月海、月陆以及坑洞三类，并有相对应的命名方式。他以气象状态或人类情绪来为月海命名，例如晴朗海、宁静海等；月陆是以地球上的高山命名，例如阿尔卑斯山。坑洞则是以历史上的科学家、艺术家和哲学家命名，其中面向地球的坑洞都以西方天文学家命名，如第谷、开普勒等，背向地球的坑洞则以我国天文学家命名，如张衡、祖冲之与郭守敬等，并沿用至今。

月球表面的各种月海，主要是以各种气象或情绪来命名。（图片提供/NASA）

年不见天日的区域，温度比-200℃还低，因此可能会累积彗星等撞击时带给月球的水冰；果真如此的话，将来就能成为月球基地的水源。

右图：你能从图中看出为什么古人认为月亮上有兔子吗？（图片提供/GFDL，摄影/Zeimusu）

月相变化

（人造卫星拍摄的月球，图片提供/NASA）

如果有机会对月亮进行长时间的观测，会发现月亮的外观有着盈亏的变化，称为"月相变化"。

月相变化的原因

我们所看到的月光，其实是由月球表面反射出来的太阳光，而月相中的明亮部分，就是被太阳照亮的部分。当月球绕着地球公转时，地球、月球与太阳间的相对位置不断变化，从地球上看到的月球，便出现不同的明亮和阴影区域。

中国的中秋节、元宵节都是在满月的时候。（图片提供/达志影像）

当月球落于太阳与地球中间时，在地球看到的是月球完全阴暗的那一面，这时的月相称为"新月"，也称为"朔"。当地球落于太阳与月球之间的月相称为"满月"，或称为"望"。由朔到望的过程称为"盈"，反之则称为"亏"，两者合起来便完成一个循环。月球是地球的卫星，由于它的自转、公转都是逆时针方向，加上两者周期都是27.32日，因此月亮都是以同一面面向地球。不过，月球对地球的公转轨道有着微小的扰动现象，使得地球与月球的相对位置发生变动，因此我们在地球能观测到约59%的月球表面，而不只是50%。

月球环绕地球1周约1个月，由于位置不断改变，受到阳光照射的位置也不同，反射到地球后，便出现不同的月相。（图片提供/达志影像）

阳光　残月　下弦月　亏凸月
新月（朔）　　　　满月（望）
娥眉月　上弦月　盈凸月

月相变化的循环

历法中的阴历以及我们使用的农历（阴阳历），虽然是以月球运转为基准，但它的一个月不是月球的公转周期，而是从这次满月到下次满月所经过的时间，称为朔望月，周期为29.53天。由于朔望月的周期比29天大、但又比30天小，所以便分大月30天、小月29天。

另外，人们又将每天的月相变化用月龄来表示，以一个朔望月为29.5日来计算，新月的月龄是1日、上弦月（1/4周期）是7.4日，满月（1/2周期）是14.8日，下弦月（3/4周期）是22.1日等。配合日历仔细观察一下，中国农历的日期与月龄相当符合，因此当我们见到满月就能推估是农历十五左右。

动手做月全食

想要看到月全食却没机会吗？让我们自己来动手做吧！准备的材料有蜡笔数色（黑色一定要有）、牙签、刀片、红色纸张×1、卡纸×2、月球图片。

1. 将第一张卡纸挖出一个直径约5cm的圆洞，将各种颜色的蜡笔以块状分割方式将卡纸涂满，再于最上层涂黑色蜡笔，覆盖住所有的颜色。
2. 于圆洞周围用牙签刮画出几个星星的图形。
3. 同第一张卡纸挖洞的位置将月球的列印稿贴于第二张卡纸上。红纸挖洞。
4. 如图4按照顺序将3张纸叠放，并用双面胶固定上下卡纸就完成了。

（制作／杨雅婷）

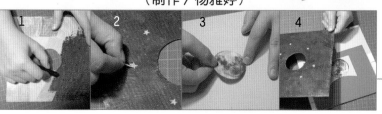

是盈还是亏

当月亮出现在天际，要如何判别月相是处于盈还是亏的阶段呢？由于中国位于北半球，月球大多出现在南半边的天空上，因此当看到月相的亮区位于右侧时，就表示目前是盈的过程；相反的，若亮区在左侧则是亏的过程。除了以方位来判别月相的盈亏，还可以用月面上的特征。满月月面的右上角，有一个圆形的小阴影，这个阴影是月面上的危难海。当危难海出现在月相中时，就是处于盈的过程，反之则是亏。知道盈或亏之后，再根据盈亏的状况，就可以推估月龄，进而知道农历（阴历）的日期了。

上个世纪的最后一个满月。当日是月球这一百多年来离地球最近的一次，所以显得比往常更亮、更大。（图片提供／达志影像）

潮汐

（图片提供/达志影像）

只要在海岸或港口待上半天，就可以观察到因潮汐而引起的海平面变化。能让辽阔海面发生变动的强大力量，是来自哪里呢？

 ## 潮汐的发生

由于受到月球和太阳潮汐力的影响，地球的海平面形成每天周期升降的现象，我们称为"潮汐"。当一地的海平面上升到最高时，称为"满潮"；下降至最低时，称为"干潮"。由干潮至满潮的期间，称为涨潮；

退潮时洼洞形成潮池，里面有很多涨潮时遗留下来的海生动物，图中的小女孩正在潮池内寻找。（图片提供/达志影像）

相反的，由满潮至干潮的期间，称为"落潮"或"退潮"。满潮到干潮之间的高度差，则是这个地点的"潮差"。

潮汐力来自万有引力，由于月球离地球最近，它的潮汐力影响也最大，大约是太阳的两倍，因此地球每天的潮汐变化，会随月球的位置而有两次涨落。月球每天大约晚50分钟由东方升起，因此两次涨落的周期是24小时50分；每次涨落则约是12小时25分。

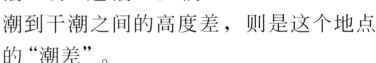 ## 潮汐的原理与影响

影响地球潮汐的作用力并非只有万有引力，还有地球与月球引力的差距。以地球与月球为例（参考下页左下

钱塘江的钱塘潮，涨潮时，浪头高8米，浪潮推进的速度高达每秒近10米，气势汹涌、壮观。（图片提供/达志影像）

一百多年前，在圣米歇尔山的周围，退潮时会出现道路，涨潮时道路便被淹没，人们必须搭船才能上岛。（图片提供/维基百科）

图），离月球最近的A处受到的引力最大，海水向月球移动的距离也最大；然后是地球中心的B点，受到的引力较小，向月球移动的距离也较小；C处背对月球，距离最远，受到的引力最小，海水向月球移动的距离也最小。三者比较之下，地球中心位移的距离，比不上A处海水的移动距离，因此A处形成涨潮；但是它比C处

海水的移动距离长，造成C处的地表远离海平面，因此也形成涨潮。最终的现象就好像月球的潮汐力将地球的海水向外拉开。

除了造成潮汐现象之外，月球的潮汐力还会减低地球的自转速度。这是因为潮汐会增加海水与地表之间的摩擦力，使得地球的自转速度愈来愈慢。不过，地球也会对月球产生潮汐力，让月球的公转与自转周期渐渐趋于一致，使得月球总是以同一半球面对地球。

某些地区涨退潮的落差极大，因此设置类似图中的警告标志。（图片提供/达志影像）

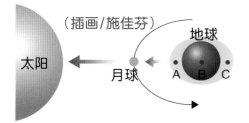

当太阳、月球与地球排成一直线时，月球与太阳的潮汐力互相加强，使得潮差最大，这时的潮汐称为大潮。

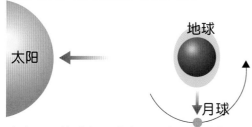

当太阳、地球与月球成90°时，月球的潮汐力会被太阳的潮汐力抵消部分，因此潮差最小，称为小潮。

潮汐力对天体的其他影响

潮汐力不只会影响天体表面的液体物质，甚至会拉扯天体的固态物质结构。两个互相受到对方潮汐力影响的天体中，如果其中一个拥有巨大质量，它的潮汐力甚至可以将较小的天体扯碎。在潮汐力的拉扯之下，两个天体之间常常会出现锁定的现象，使得质量较小的天体的公转与自转周期趋于一致，例如地球与月球；如果两个天体的质量大小相近，则会出现两者都以同一半球面对对方的情况，例如冥王星与冥卫一。

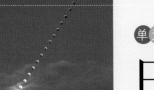

日食与月食

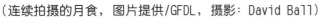

古代的人缺乏天文知识，当天空出现罕见的日食或月食，就以"天狗食日"或妖魔降临等神话来解释，并认为灾难将至。直到近代，科学家才发现日食、月食都是能合理解释的天象。

月全食的过程包括初亏、食既、食甚、生光和复圆。（图片提供/达志影像）

食甚

日食

日食是月球运行到太阳、地球之间，遮住阳光后所形成的天文现象。日食发生时，天体排列位置为太阳—月球—地球，此时月相是新月，也就是朔，换句话说，日食发生的日期一定在朔（约农历初一）前后。日食现象大致分为日全食、日偏食及日环食三种，而这三种现象的出现与否，是由太阳、地球、月球三者间的距离，以及观测者所在的位置而决定。例如日全食或日环食出现时，只有在月球产生的本影区可以看见，半影区的人看到的则是日偏食，而其他地区就看不到任何日食的现象。

日全食的发生过程中，会出现平时看不到的日冕和贝利珠现象。（图片提供/达志影像）

日全食时，阳光会透过月球凹凸不平的表面显露出来，就像珍珠项链一样，这个现象称为贝利珠。

生光

食甚

食既

日冕

月食的形成原因。当地球正好挡在太阳和月球之间，会因为角度的不同而产生本影和半影。月全食只有当月球进入本影区才会出现。（图片提供/达志影像）

 ## 月食

月食是地球运行到太阳、月球之间，地球遮蔽阳光，让月球无法反射阳光所造成的天文现象。月食发生时，天体排列位置为太阳—地球—月球，此时月相为满月，也就是望；月食的发生日期一定在望（约农历十五）附近。月食现象也有三种：月全食、月偏食及半影月食。前两者是月球全部或部分进入地球所产生的本影区；半影月食则是月球进入半影区，这时观测者只能注意到月亮亮度稍微变暗。

月食与日食最大的不同是观测时间，地球所产生的阴影相对于月球移动速度来说较大，所以月食可观测的时间比较长，约有几个小时，可观测的地区也广及整个地球暗面，也就是只要是当时正处夜晚的区域都可以看见。但日食时，由于月球的阴影投影在地球表

红色的月亮

月全食发生时，月球的影像并不会完全消失在夜空中，而是映照出类似红铜的暗红色泽。这是因为这个时候的地球将阳光遮蔽，让阳光无法直射月球表面，但部分阳光会穿过地球的大气层后，再通过大气层的折射抵达月球表面。这部分的阳光在穿越大气层时，波长较短的蓝色光会被散射掉，只留下波长较长的红色光。这些红光抵达月球表面再反射到地球上，就让我们看到了红色的月亮。

月色的鲜艳程度和地球大气层内的灰尘、火山灰有关。当这类灰愈多，月亮就会愈红愈暗。（图片提供/维基百科）

面的面积非常小，因此造成日全食可观测的时间大约都只有几分钟左右。

超级地球

（宇宙中是否还有类似地球的行星呢？图片提供/维基百科）

随着人们对天文学的研究以及对地球的逐渐了解，我们开始知道，人类所居住的地球只是宇宙中的沧海一粟。地球的渺小与宇宙的辽阔，不禁让人疑惑：宇宙中是否有着同样能孕育生命的"地球"呢？

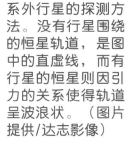 系外行星

由于太阳系里并没有和地球相似的行星，天文学家因而转向太阳系外

系外行星的探测方法。没有行星围绕的恒星轨道，是图中的直虚线，而有行星的恒星则因引力的关系使得轨道呈波浪状。（图片提供/达志影像）

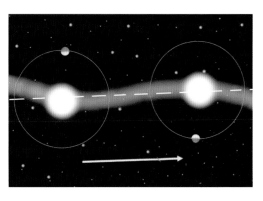

的"系外行星"进行调查。过去有许多天文学家宣称发现系外行星并留下观测记录，但绝大部分都未获得证实，直到1992年，美国天文学家Aleksander Wolszczan及Dale Frail宣布发现一颗绕中子星公转的行星，才首次确认系外行星的存在。不过，第一次在普通主序星（和太阳一样进行氢氦核聚变反应的青壮年期恒星）旁发现系外行星，则要到1995年，由日内瓦大学Michel Mayor及Didier Queloz在飞马座51号星旁所发现的行星。截至2010年，人类已发现了400多个系外行星。

行星本身并不会发光，要在明亮的母恒星旁找到它并不容易，因此天文学家都以观察母恒星的位置扰动、亮度

飞马座51

飞马座51的行星

木星

地球

飞马座51号星的行星，和地球、木星的大小对照图。由于绕行的轨道半径约只有700万千米（约水星轨道的1/6），科学家推测该行星表面温度超过1,000℃。（图片提供/达志影像）

变化等间接方法来寻找系外行星。母恒星会因为行星的重力而让位置产生微小的扰动，或者因为行星的公转而遮蔽亮度，通过精确观测这两个项目的变化，就可以推算出是否有系外行星的存在，甚至估算出行星的直径。

超级地球

绝大多数的系外行星都与地球不一样，但有一类被称为"超级地球"，是与地球性质最接近的系外行星，目前最引起天文学家的兴趣。超级地球指的是一种绕恒星公转，质量约为地球的2—10倍，体积则介于地球与海王星之间，表面温度较热且无冰层覆盖的天体。第一颗被发现的超级地球，是由天文学家Eugenio Rivera领导的团队于2005年所发现，它绕着母恒星Gliese 876号星公转，因此被命名为Gliese 876d。天文学家估计，它的质量大约有地球的7.5倍，公转周期却相当短，只有2天左右。由于Gliese 876d与母恒星非常接近，表面温度最高可达到380℃。

行星适居性

行星适居性是天文学家对天体上有生命诞生与繁衍的潜力评估指标，其中以能量来源为必要条件。能提供行星适当能量的母恒星，需具备下列条件：一、最少存在数十亿年，这样生命才有机会在环绕它运行的行星上繁衍。二、温度要适中，能释放适量的辐射。三、光度需保持稳定状态，避免气候变化过大，造成生态毁灭。综合以上的条件，最适合的是表面温度4,000—7,000K的恒星。除了能量来源，液态水也是重要的适居条件。具有上述条件的行星所分布的区域，就是天文学家所定义的"适居带"。

除了星球本身的大小之外，和恒星的距离也是决定该行星是否适合居住的条件。（制图/陈淑敏）

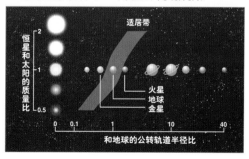

Gliese 876号星和876d假想图。Gliese 876号星距离太阳系大约15光年，位于水瓶座中。（图片提供/达志影像）

英语关键词

地球	Earth
月球	moon

太阳星云	solar nebula
类地行星	Terrestrial planet
类木行星	Jovian planet
地壳	crust

地幔	mantle
地核	core
软流圈	asthenosphere
水圈	hydrosphere
水循环	hydrological cycle / water cycle

洋流	ocean current
大气层	aerosphere
对流层	troposphere
平流层	stratosphere

中气层	mesosphere
增温层	thermosphere

电离层	ionosphere
磁北（南）极	north（south）magnetic pole
地理北（南）极	geographic north（south）pole
范·艾伦辐射带	Van Allen radiation belt

自转	rotation
极昼	white night
极夜	polar night

时区	time zone
傅科摆	Foucault pendulum
公转	revolution / orbital
太阳日	solar day
恒星日	sidereal day

黄道（面）	ecliptic / plane
春分	vernal equinox
夏至	summer solstice
秋分	autumn equinox

冬至　winter solstice

月海　lunar mare

撞击坑（环形山）　crater

恒星月　sidereal month

朔望月　synodic month

闰年　leap year

阴历　lunar calendar

农历　Chinese calendar

月相变化　lunar phase

新月（朔）　new moon（dark moon）

满月（望）　full moon

娥眉月（残月）　waxing（waning）crescent

盈（亏）凸月　waxing（waning）gibbous

上（下）弦月　first（third）quarter

潮汐　tide

大（小）潮　spring（neap）tide

潮汐力　tidal force

日食　solar eclipse

月食　lunar eclipse

本影　umbra

半影　penumbra

全食　total eclipse

环食　annular eclipse

偏食　partial eclipse

半影食　penumbra eclipse

系外行星　extrasolar planet / exoplanet

适居带　habitable zone

超级地球　super Earth

凌日　transit

飞马座51号星　Pegasi 51

新视野学习单

1 关于地球和月球的认识，下列哪些叙述是正确的？（多选）

1. 古人都不知道地球是圆的。
2. 公元前3世纪，希腊学者埃拉托斯特尼提出测量地球圆周长的方法。
3. 16世纪麦哲伦环绕地球一周，直接证明地球是圆的。
4. 17世纪初，伽利略利用望远镜观测月球后，人们对月球表面逐渐了解。
5. 20世纪下半期，美国阿波罗登月计划成功，带回月岩供科学家直接分析。

（答案见06—07页）

2 关于地球和月球的诞生，下列哪些叙述是正确的？（多选）

1. 地球是太阳星云内的微粒逐渐聚集而成。
2. 地球刚形成时，是处于炙热的熔融状态。
3. 一般认为以碰撞说来解释月球的起源比较合理。
4. 月岩和地球岩石的成分几乎一样。

（答案见08—09，22—23页）

3 填空题。关于地球的构造，请将适当的词填入空格。

固态岩石　流动岩浆　金属　地壳　地幔　地核

1. 地球最外层称_____，主要由_____构成。
2. 地球中层称为_____，主要由_____构成。
3. 地球内层称为_____，主要由_____构成。

（答案见10—11页）

4 是非题。关于地球上的水圈和大气层，对的打○，错的打×。

（　）水圈里的水体只有海水和地面的淡水。
（　）人类能使用的淡水不到总水量的0.7%。
（　）大气层从下往上大致分为对流层、平流层、中气层和增温层。
（　）对流层的水分多，而且温度会随高度递减，因此空气对流旺盛。

（答案见12—15页）

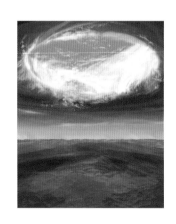

5 关于地球上的磁场，下列哪些叙述是正确的？（多选）

1. 地磁的产生，主要是因为地球中心的热源，使外核的液态金属产生对流，再加上地球的快速自转。
2. 地球磁场的强度和方向永远是固定的。
3. 发现地球周围有带电粒子层的是范·艾伦。

4.极光是太阳风或宇宙射线的带电粒子，沿地球磁场进入极区上
空所发生的现象。

（答案见16—17页）

6 是非题。关于地球的自转或公转，对的打○，错的打×。

（　）由于地球同时自转和公转，因此太阳日比恒星日长。

（　）地球各地昼夜时间的长短会随经度而不同。

（　）地球绕太阳公转一周称回归年，比365天多一些。

（　）季节的发生是因为地球自转轴倾斜，造成太阳照射各地
的角度，会随地球公转的位置而改变。

（答案见18—21页）

7 连连看，左栏各种月球表面的地形，分别对应右列哪项说明?

月陆·　　　·坑洞的周围高出月面，有时中间还有中央峰。

月海·　　　·陨石撞击出的坑洞，月球背面的分布较多。

环形山·　　　·月球上的高原和山区，看来较亮。

陨石坑·　　　·月球上的盆地被岩浆覆盖而形成，看来较暗。

（答案见24—25页）

8 关于月相变化和潮汐，下列哪些叙述是正确的? （多选）

1.大潮都发生于新月或满月，太阳、月球和地球位于一直线
的时候。

2.由于月球公转和自转的周期相同，因此我们只能看到月球
的同一面。

3.月相也可以用月龄来表示，阳历日期和月龄很符合。

4.地球每天会有2次潮汐变化。

（答案见26—29页）

9 是非题。关于日食和月食的说明，对的打○，错的打×。

（　）日食发生时，一定在农历初一左右。

（　）月食发生时，一定在农历十五左右。

（　）月食发生的过程比日食短，因此不易观测。

（　）月全食发生时，部分阳光会穿越地球的大气层抵达月球，
而造成红色的月亮。

（答案见30—31页）

10 关于超级地球，下列哪些叙述是正确的? （多选）

1.由于太阳系内找不到和地球相似的行星，科学家因此向太
阳系外调查。

2.超级地球是指与地球性质最接近的系外行星。

3.第一颗被发现的超级地球是Gliese 876 d。

4.适合居住的行星，它所环绕的恒星愈年轻愈好。

（答案见32—33页）

■■ 我想知道······

开始！

这里有30个有意思的问题，请你沿着格子前进，找出答案，你将会有意想不到的惊喜哦！

古代人认为地球是什么形状？
P.06

生活中哪些现象显示地球是圆的？
P.06

第一位航行的是谁？

哪里会出现极昼和极夜？
P.19

什么是闰年？
P.20

四季变化是如何产生？
P.20

太棒得美牌。

为什么昼夜的长短会随纬度而不同？
P.19

为什么会出现红色月亮？
P.31

科学家如何寻找系外行星？
P.32

什么是"超级地球"？
P.33

地球为什么会自转？
P.18

月亮每晚出现的时间都一样吗？
P.28

什么是"满潮"、"干潮"？
P.28

颁发洲金

太厉害了，非洲金牌也是你的！

极光为什么只会发生在南北极附近？
P.17

磁层为何是地球的防护罩？
P.17

大气层分为哪四层？
P.15

臭氧层形成的

绕地球
探险家

P.06

类地行星和类
木行星有什么
不同？

P.09

地球是如何形
成的？

P.09

不错哦，你已前
进5格。送你一
块亚洲金牌！

了，赢
洲金

月球是怎么形
成的？

P.22

"月海"是什么？

P.24

大陆地壳和海洋地
壳有什么差别？

P.10

地核是由什么组
成的？

P.10

太好了！
你是不是觉得：
Open a Book！
Open the World！

为什么月球
只会用同一面
面对地球？

P.24

水循环包括哪几个
步骤？

P.12

大洋
牌。

月亮的"盈"和
"亏"是指什
么？

P.26

月球表面的地
形是用什么
来命名？

P.25

我们能直接使用的
淡水占地球总水量
的多少？

P.13

是如何
？

P.14

现在的大气主要
是由哪三种气体
组成？

P.14

获得欧洲金
牌一枚，请
继续加油！

洋流是如何形成的？

P.13

图书在版编目（CIP）数据

地球与月球：大字版 / 徐毅宏撰文．—北京：中国盲文
出版社，2014.5
　　（新视野学习百科；03）
　　ISBN 978-7-5002-5052-4

　　Ⅰ．①地… Ⅱ．①徐… Ⅲ．① 地球—青少年读物 ②月球—青少年读物
Ⅳ．① P183-49 ② P184-49

中国版本图书馆 CIP 数据核字 (2014) 第 070733 号

原出版者：暢談國際文化事業股份有限公司
著作权合同登记号 图字：01-2014-2137 号

地球与月球

撰　　　文：徐毅宏
审　　　订：许树坤
责任编辑：于　娟
出版发行：中国盲文出版社
社　　　址：北京市西城区太平街甲 6 号
邮政编码：100050
印　　　刷：北京盛通印刷股份有限公司
经　　　销：新华书店
开　　　本：889×1194　1/16
字　　　数：33 千字
印　　　张：2.5
版　　　次：2014 年 12 月第 1 版　2014 年 12 月第 1 次印刷
书　　　号：ISBN 978-7-5002-5052-4 / P · 33
定　　　价：16.00 元
销售热线：（010）83190288　83190292

新视野学习百科 100 册

打开一本书　看懂一个世界
Open a Book　Open the World

ISBN 978-7-5002-5052-4

9 787500 250524 >

定价: 16.00 元

新视野学习百科 ⑨: 地球与月球

大字版·国家彩票公益金资助

环境保护

北京市绿色印刷工程——优秀青少年读物绿色印刷示范项目

台湾引进 新视野学习百科 **15**

●天文与地理●

我们生活的环境，无论空气、土壤、水……
都和每个人息息相关。
你知道它们发生了什么变化，
我们应该为这个地球做些什么呢？

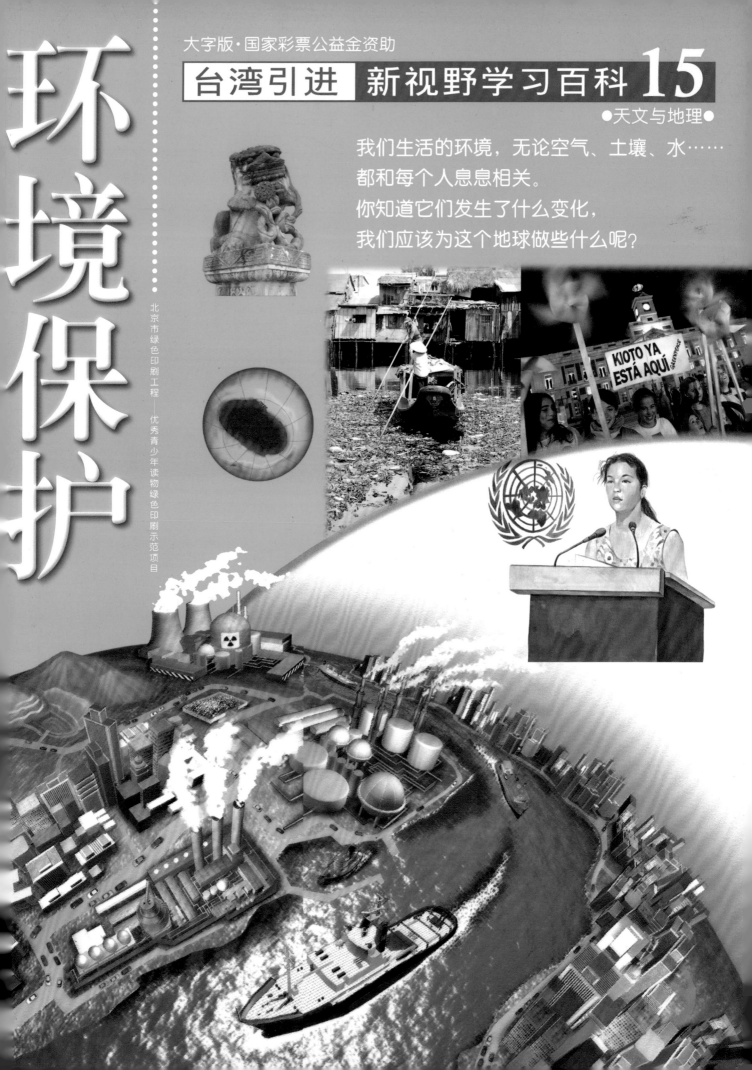

让知识的光芒照亮我们的人生

每个孩子都有好奇心，他们总是以各种方式观察和思考周围的世界。生命是怎么起源的？世界上有多少种蝴蝶？人类什么时候能登上火星？人类最终能与细菌病毒和平相处吗？千百年来，人们不断破解大自然的谜团。但是，在我们生活的世界又有太多的谜团！

世界多么奇妙啊，宇宙浩渺无垠，隐藏着无数奥秘，它到底是什么样子？未来它又会怎样？也许有人会说，这样的问题还是留给科学家去研究吧，我们要关心的是人类的地球家园。可是，对于地球我们又了解多少呢？比如，恐龙为什么会灭绝？气候变化是什么原因造成的？人类，还有其他的生物还在进化吗？如果还在进化，那么几亿年之后，我们人类，还有大猩猩、长颈鹿、袋鼠、蜂鸟……会变成什么样呢？有人会说，这样的问题都是科学家们争论不休的，我们还是讨论一些现实问题，比如PM2.5，交通拥堵，水资源短缺，手机辐射，转基因食品等等，而要解答这些问题，我们现有的知识是远远不够的。

怎么办呢？那就让我们翻开这套《新视野学习百科》吧。这是一个巨大的、仿佛取之不尽、用之不竭的知识宝库。它既告诉我们科学家在探索中取得的成就，也告诉我们他们曾遇到的挫折和教训，还有他们未来的努力方向。它不仅帮助我们学习科学和文化、提高学习能力，更让我们学会探索和发现通往真理的道路。

这套从台湾引进的学习百科全书，每一册都独具匠心地设计了许多有趣的问题，让孩子们在阅读前进行思考，然后再深入浅出地引导他们探索世界科技和人文的发展。它让孩子们带着兴趣去阅读，带着发现去研究，带着知识去成长，带着理想去翱翔。它不仅能带给孩子学习的热情和创造力，也会给老师和家长意外的惊喜和收获，真可以称得上是我们触手可及的"身边的图书馆"和"无围墙的大学"。

让我们一起翻开《新视野学习百科》吧，它不仅是孩子们的好朋友，也一定是成年人的好朋友……

张海迪